# ENFERMEDADES DE TRANSMISIÓN SEXUAL

NOELIA GARCERÁN ZAMORA

ALFONSO MANUEL MARTÍNEZ MOZAS

CONCEPCIÓN OCAÑA PEÑAFIEL

# ÍNDICE

# 1. INTRODUCCIÓN

Las infecciones de transmisión sexual (ITS), conocidas como enfermedades de transmisión sexual (ETS) O enfermedades venéreas son un conjunto de afecciones clínicas infectocontagiosas que se transmiten de persona a persona por medio del contacto sexual que se produce durante las relaciones sexuales.

La causa de las ITS o ETS pueden ser virus (VIH, VPH hepatitis, etc), bacterias (gonorrea, clamidia, etc) o parásitos (trichomona vaginales, sarna, ladilla, etc) como veremos a continuación. Las ITS/ETS no siempre presentan síntomas o estos suelen ser leves. Por lo que se puede tener una infección y no saberlo.

Los síntomas más frecuentes suelen ser:

- Secreción inusual del pene o la vagina.
- Llagas o verrugas en el área genital.
- Micción frecuente o dolorosa.
- Picazón y enrojecimiento en el área genital.

Se pueden transmitirse también por uso de jeringas contaminadas o por contacto con la sangre o con otras secreciones, y algunas de ellas pueden transmitirse durante el embarazo, durante el parto o la lactancia, desde la madre al hijo.

Existen más de 20 tipos de ETS, pero vamos a tratar las siguientes enfermedades:

- SIDA/VIH (virus de la inmunodeficiencia humana).
- VPH (virus del papiloma humano).
- Herpes.
- Chlamydias.
- Gonorrea.
- Sífilis (treponema pallidum)

## 2. ENFERMEDADES DE TRANSMISIÓN SEXUAL

### A. SIDA/VIH (VIRUS DE LA INMUNODEFICIENCIA HUMANA).

A comienzos de la década de los 80 comenzó la epidemia del VIH/SIDA que se convirtió en uno de los principales miedos sanitarios de todo el mundo. Los primeros casos se dieron en Nueva York y California donde médicos observaron que había un grupo de pacientes con enfermedades muy poco comunes. En España el primer caso de sida se diagnosticó sobre el año 1981 en Barcelona.

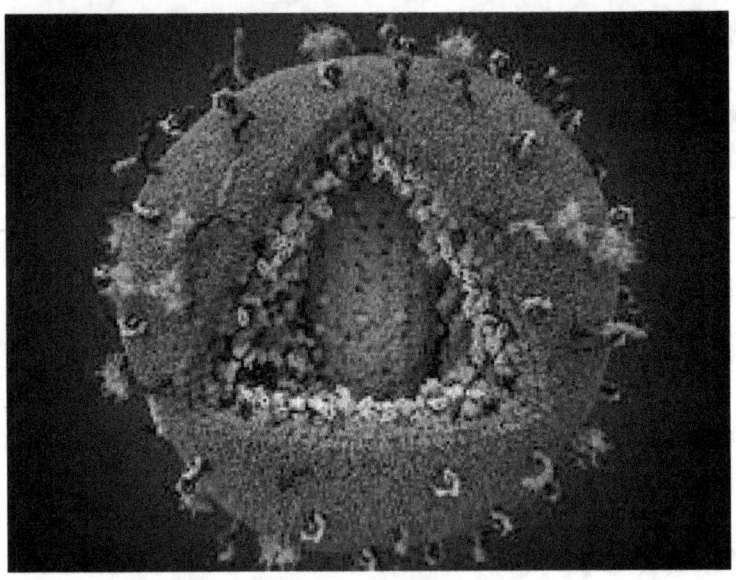

El SIDA se desencadena a raíz de un virus que es transmitido mediante el contacto directo con fluidos corporales infectados. El virus ataca al sistema inmune provocando una inmunodeficiencia en el organismo al atacar a un tipo de glóbulos blancos, concretamente los linfocitos CD4 que son los que ayudan a combatir las infecciones. Quien contrae SIDA padece varias enfermedades a la vez.El virus se denomina VIH (virus de inmunodeficiencia humana)

La causa más frecuente de muerte entre las personas que contraen el VIH es la neumonía por *Pneumocystis jiroveci*

Las <u>principales vías de transmisión</u> del VIH son:

- <u>Sexual (acto sexual sin protección)</u>. La transmisión se produce por el contacto de secreciones infectadas con la mucosa genital, rectal u oral de la otra persona.

- <u>Parenteral (por sangre)</u>. Es una forma de transmisión a través de jeringuillas infectadas que se da por la utilización de drogas intravenosas o a través de los servicios sanitarios. También en personas que han recibido una transfusión de sangre infectada o productos infectados derivados de la sangre.

- <u>Vertical (de madre a hijo)</u>. La transmisión puede ocurrir durante las últimas semanas del embarazo, durante el parto o al amamantar al bebé.

## SÍNTOMAS

### Primeras etapas

Al principio, una persona con el VIH no tenía ningún síntoma visible o los síntomas se podían confundir con los de otra patología.

Al de contraer la infección, muchas personas tienen síntomas similares a los de una gripe, que pueden desaparecer después de un tiempo:

-Fiebre

- Dolor de cabeza

- Cansancio

- Ganglios inflamados en el cuello y la ingle.

- Pérdida de peso.

- Inflamación en las articulaciones, músculos o garganta.

Durante este período inicial, las personas con el VIH tienen más probabilidad de transmitir el virus durante el sexo sin protección u otras situaciones de riesgo, el VIH se encuentra presente en grandes cantidades en los fluidos genitales y en la sangre.

**Etapas posteriores**

Una de las últimas etapas de la infección por el VIH es el SIDA (síndrome de inmunodeficiencia adquirida). En esta etapa, hay síntomas graves que pueden incluir rápida pérdida de peso; infecciones graves; neumonía; inflamación prolongada de las glándulas linfáticas; máculas en la piel; diarrea prolongada; lesiones en la boca, el ano o los genitales; y pérdida de memoria, depresión y otros trastornos neurológicos.

**En bebés y niños**

La infección por el VIH suele ser difícil de diagnosticar en los niños muy pequeños.

Por un lado, los bebés con el VIH suelen parecer normales y no tener signos que permitan dar un diagnóstico claro de infección por el VIH. Por otro lado, muchos bebés desarrollan enfermedades múltiples y graves relacionadas con la infección por el VIH.

Muchos niños infectados no aumentan de peso o crecen con normalidad. Los niños con un VIH no tratado contraen las infecciones comunes de la infancia con más frecuencia y gravedad que los niños no infectados. Estas infecciones comunes pueden provocar convulsiones, fiebre, neumonía, resfríos recurrentes, diarrea, deshidratación y otros problemas.

## DIAGNOSTICO

Las pruebas más comunes analizan una muestra de sangre. Estas pruebas detectan los anticuerpos contra el VIH.

Durante las primeras semanas de contraer el virus, estas pruebas podrían no revelar la infección. Se debe a que lleva cierto tiempo para que el sistema inmunitario produzca suficientes anticuerpos para que la prueba los detecte. El 97% de las personas desarrollará anticuerpos detectables en los primeros 3 meses posteriores a la infección.

### En niños y jóvenes

Diagnosticar el VIH en bebés y niños es complicado.

Los anticuerpos contra el VIH de las madres infectadas pasan al bebé, encontrar anticuerpos contra el VIH en un bebé no indica que el bebé esté infectado. Los anticuerpos de la madre pueden permanecer en el organismo de un bebé no infectado hasta 12 o 18 meses.

En el caso de los jóvenes es diferente. Ya que muchos jóvenes creen que no corren riesgo de contraer el VIH. Es menos probable que se realicen la prueba.

1 de cada 5 con el VIH no sabe que está infectado, pero casi 3 de cada 5 jóvenes VIH positivo de 13 a 24 años no saben que tienen el virus. Se les recomienda que a partir de los 13 años se realice una prueba del VIH.


## TRATAMIENTO.

Existen cinco clases principales de medicamentos:

- Inhibidores de la transcriptasa reversa: Interfieren con un paso importante del ciclo de vida del VIH e impiden que el virus multiplique copias de sí mismo.
- Inhibidores de la proteasa: Interfieren con una proteína que usa el VIH para producir partículas virales infecciosas.
- Inhibidores de fusión: Bloquean la entrada del virus a las células del cuerpo.
- Inhibidores de integrasa: Bloquean la integrasa, una enzima que necesita el VIH para multiplicarse.

- <u>Combinaciones de varios medicamentos</u>: Contienen dos o más medicamentos pertenecientes a una o más clases.

Estos medicamentos ayudan a las personas con VIH pero no curan las infecciones por VIH/SIDA. Las personas con infecciones por VIH aún tienen el virus en el cuerpo, de modo que incluso cuando toman medicinas pueden transmitir el VIH a otras personas a través de las relaciones sexuales sin protección y de agujas compartidas.

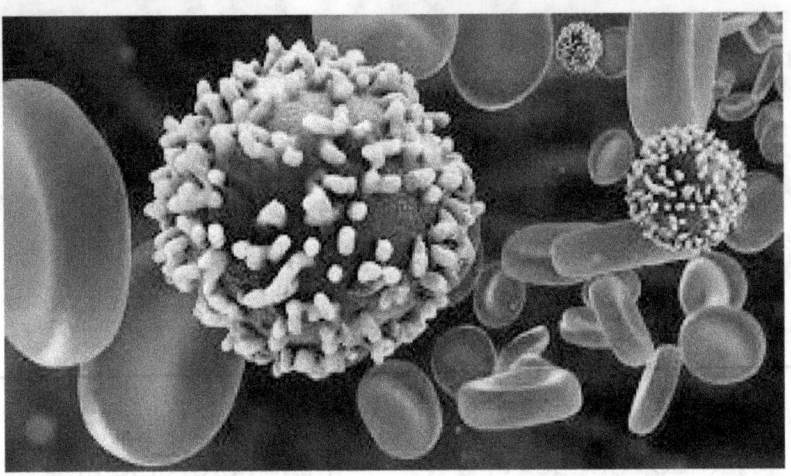

Se recibe tratamiento puede suceder los siguiente:

- La infección puede ser transmitida a los contactos sexuales.
- La presencia de una ETS hace que el riesgo de transmisión del VIH sea mayor.
- La carga viral alta o la seroconversión durante el embarazo favorece la transmisión del VIH al recién nacido.
- Con el paso del tiempo sino se recibe tratamiento específico antirretroviral, el VIH puede deteriorar el sistema inmunitario provocando la aparición de síntomas poco específicos como pueden ser la fiebre, la diarrea, la disminución de peso, etc hasta llegar a una fase más avanzada de la enfermedad con aparición de las denominadas infecciones oportunistas, causantes del sida.

## B. VPH (VIRUS DEL PAPILOMA HUMANO).

Los virus del papiloma humano (VPH) son miembros de la familia Papillomaviridae. Los virus de esta familia fueron clasificados inicialmente como una subfamilia de los Papovaviridae en 1962, pero se reclasificaron en 2002 como una familia independiente. Dicha familia contiene 29 géneros, de los cuales 5 pertenecen al papiloma humano.

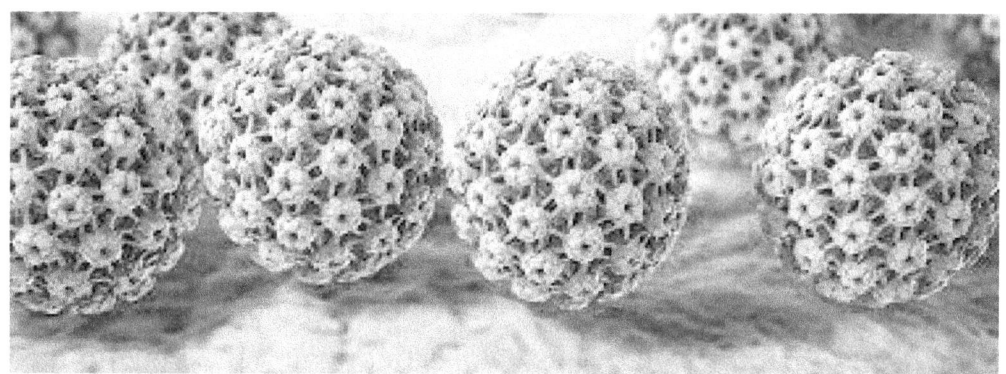

La transmisión sexual es un factor de riesgo para el desarrollo de cáncer cervicouterino, fue descrita desde 1842 por Domenio Rigoni-Stern. El origen infeccioso de las verrugas fue establecido en 1907 por Giussepe Ciuffo. En 1983 se relaciona la infección por VPH como una causa del cáncer cervicouterino, momento en el cual el ADN del VPH fue aislado en cerca de 60% de las muestras de tejido que Herald zur Hausen y su equipo de investigadores habían examinado. Dicho científico es el investigador merecedor del premio Nobel por ser el pionero en la investigación de los VPH relacionados con cáncer

Los virus del papiloma humano (VPH) son un grupo de virus relacionados entre sí. Causan verrugas en diferentes partes del cuerpo y existen más de 200 tipos y cerca de 40 afectan a los genitales. Se propagan a través del contacto sexual con una persona infectada. Algunos pueden significar riesgo de desarrollar un cáncer. Existen dos categorías de VPH transmitidos por vía sexual. El VPH de bajo riesgo causa verrugas genitales y el VPH de alto riesgo puede causar varios tipos de cáncer:

- o Cáncer de cuello uterino
- o Cáncer del ano

o Algunos tipos de cáncer oral y de garganta

o Cáncer de vulva

o Cáncer de vagina

o Cáncer del pene

Las infecciones por VPH son las infecciones de transmisión sexual más comunes en los Estados Unidos.

## <u>SÍNTOMAS</u>

La mayoría de las personas que tienen un tipo de VPH de alto riesgo no muestran signos de la infección hasta que ya ha causado graves problemas de salud. En muchos casos, el cáncer cervical se puede prevenir al detectar cambios anormales en las células.

La prueba de Papanicolaou, conocida comúnmente como citología vaginal, sirve para detectar estas células anormales en el cuello uterino. La citología vaginal detecta células anormales en el cuello uterino.

- El <u>cáncer de pene</u>, puede provocar síntomas como cambios en el color o el espesor de la piel de tu pene, o bien puede aparecer una úlcera dolorosa en tu pene.
- El <u>cáncer anal</u> puede causar sangrado, dolor, picazón o secreción anal, o cambios en los hábitos intestinales.
- El <u>cáncer de vulva</u>, puede provocar síntomas como cambios en el color o el espesor de la piel de la vulva. Puede haber dolor crónico, picazón o puede aparecer un bulto.
- El <u>cáncer de garganta</u> puede provocar dolor de garganta, dolor de oído persistente, tos constante, dolor o problemas para tragar o respirar, pérdida de peso o una masa o bulto en tu cuello.

# DIAGNÓSTICO

El diagnóstico de la infección por VPH se realiza con las siguientes pruebas:

- Examen macroscópico: observación directa de las verrugas genitales; se utiliza ácido acético, que tiñe de blanco las lesiones.
- Examen microscópico: observación de células sospechosas en las citologías de cuello uterino y vagina en mujeres, usando la tinción de Papanicolaou. Se pueden tomar biopsias de lesiones sospechosas, o incluso de vegetaciones.
- Detección directa del material genético del virus por técnicas de biología molecular, que amplifican el ADN del virus y permiten la identificación de los distintos serotipos.

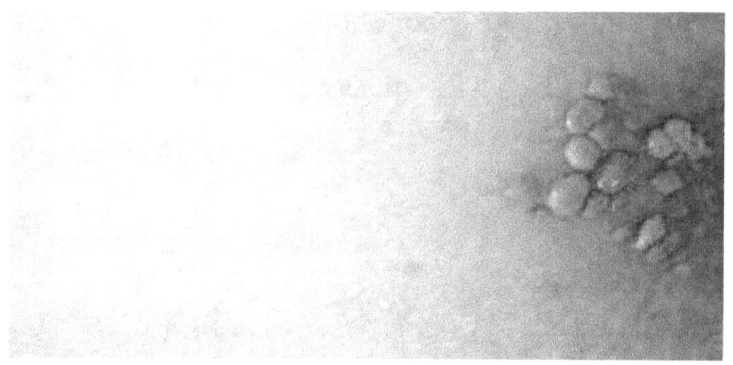

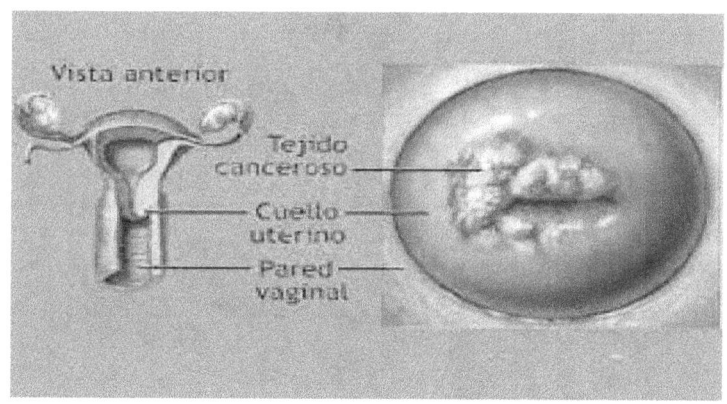

# TRATAMIENTO.

No existe tratamiento para el virus, pero si tienes el VPH de alto riesgo, este puede causar cambios anormales en las células que pueden provocar cáncer. Si el resultado de tu citología vaginal es anormal, se necesitan más exámenes y/o tratamientos incluyendo:

- Colposcopia: un procedimiento para observar más de cerca el cuello del útero para ver si hay células precancerosas.
- Crioterapia: tratamiento para congelar y extirpar las células precancerosas del cuello uterino.
- LEEP o procedimiento de extirpación electroquirúrgico de lazo: tratamiento para extirpar células precancerosas del cuello uterino por medio de una corriente eléctrica.

No existe cura para el VPH, pero hay muchas cosas que puedes hacer para mantenerte sano y protegido. Hay vacunas que pueden prevenir los tipos de VPH de alto riesgo y aquellos que causan verrugas genitales.

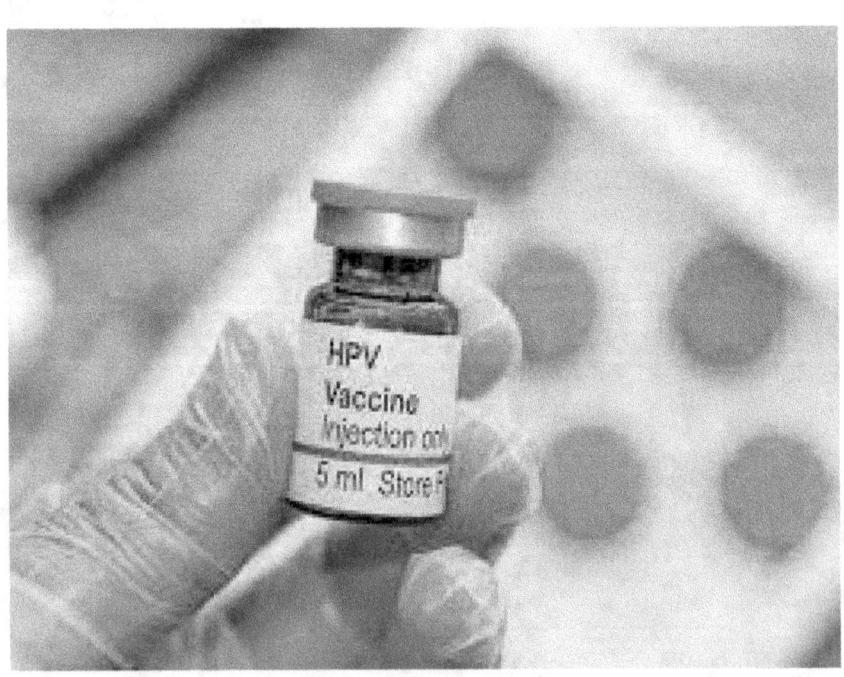

## C. <u>HERPES.</u>

El herpes tiene una historia muy larga, que se remonta a millones de años, donde nos encontramos con muchas variedades del virus que infectan a diversas especies que van desde los murciélagos a los corales. Los investigadores afirman que los ejemplos antiguos de HSV-1 resultan sorprendentemente difíciles de encontrar.

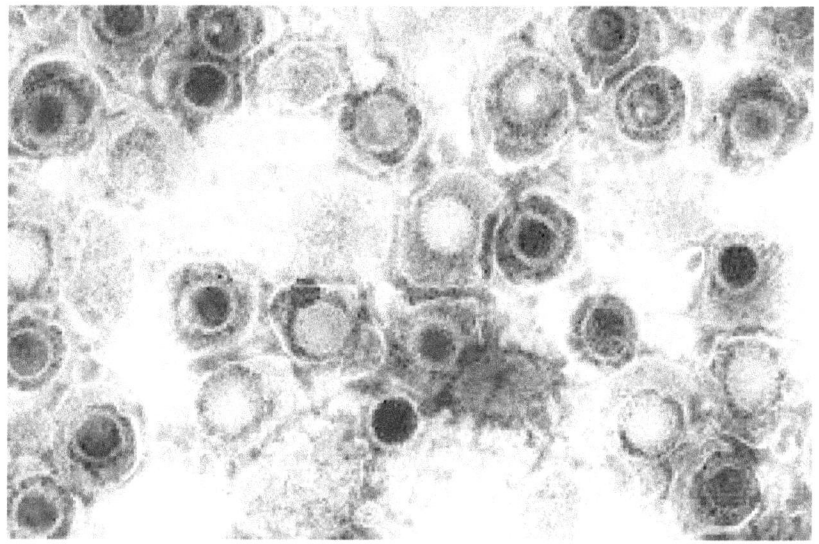

La muestra más antigua procede de un varón adulto que fue hallado en los montes Urales de Rusia y cuya datación lo sitúa al final de la Edad de Hierro, hace unos 1.500 años. Otras dos muestras procedían de Cambridge, en Reino Unido que corresponden a una mujer que vivió en los siglos VI-VII d.C, hallada en un antiguo cementerio anglosajón a pocos km de la ciudad. El otro era un hombre adulto y joven de finales del siglo XIV, que fue enterrado en los terrenos del hospital de caridad de Cambridge.

El herpes es una infección causada por un virus herpes simple (VHS). El herpes bucal provoca llagas alrededor de la boca o en el rostro y el herpes genital es una enfermedad de transmisión sexual (ETS) que puede afectar a los genitales, las nalgas o el área del ano.

Dado que hay dos tipos del virus del herpes simple (el VHS-1 y el VHS-2):

- Cuando VHS-2 infecta tu área genital (vulva, vagina, cuello uterino, ano, pene, escroto o áreas cercanas) se denomina herpes genital. Aunque también puede afectar a la boca

- Cuando el VHS-1 infecta los labios, la boca y la garganta o áreas cercanas, se denomina herpes oral. Las llagas del herpes oral, a veces, reciben el nombre de úlcera bucal o herpes febril. Aunque también puede afectar a los genitales.

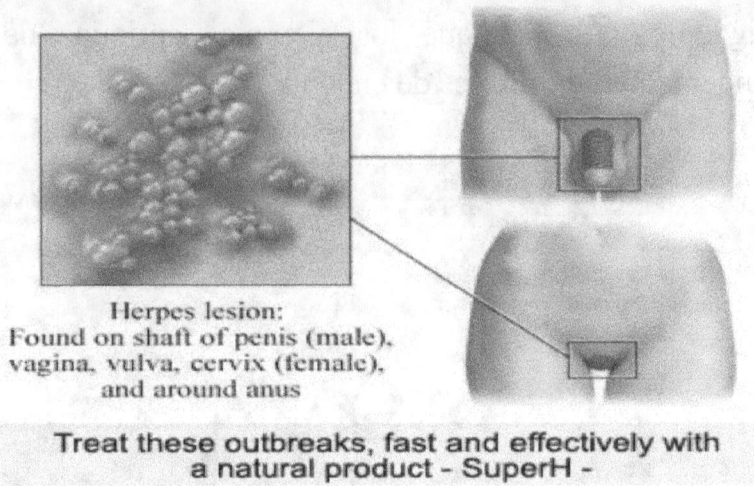

Herpes lesion:
Found on shaft of penis (male),
vagina, vulva, cervix (female),
and around anus

Treat these outbreaks, fast and effectively with
a natural product - SuperH -

## SÍNTOMAS

El síntoma más común del herpes son las llagas en los genitales o la boca. No obstante, la mayoría de las veces no hay síntomas por lo que muchas personas no saben que tienen herpes, es un grupo de ampollas dolorosas o que provocan picazón en la vagina, vulva, cuello uterino, pene, nalgas, ano o la cara interna de los muslos. Las ampollas revientan y se convierten en llagas.

Otros síntomas:

- Ardor al orinar si la orina toca las llagas del herpes.
- Dificultad para orinar porque las llagas y la hinchazón bloquean la uretra.
- Picazón.
- Dolor en el área genital.

Si el herpes genital es causado por el VHS-2, también puedes tener síntomas parecidos a los de una gripe, tales como:

- Inflamación de las glándulas en el área de la pelvis, la garganta y en las axilas
- Fiebre y/o escalofríos

- Dolor de cabeza
- Sensación de dolor y cansancio

La repetición de los brotes es común, en especial durante el primer año. Con el tiempo los síntomas aparecen con menor frecuencia y son más leves. El virus permanece en su cuerpo para siempre.

## DIAGNÓSTICO

El diagnóstico del herpes se puede llevar a cabo mediante tres pruebas:

- <u>Examen de anticuerpos séricos</u>: examen de sangre que busca anticuerpos contra el virus del herpes simple (VHS), VHS-1 y VHS-2. Este examen detecta la presencia y la cantidad para averiguar si una persona ha estado alguna vez infectada con herpes genital u oral.
- <u>Cultivo de lesión del herpes:</u> examen de laboratorio que confirma si una úlcera cutánea está infectada o no con el virus del herpes. La toma de la muestra se debe de realizar es la fase aguda de la infección.
- <u>Prueba del virus del herpes simple:</u> se puede llevar a cabo mediante sangre, hisopo se recoge secreción de una úlcera o punción lumbar, solo se hace si el facultativo sospecha que la infección ha llegado al cerebro o a la médula espinal.

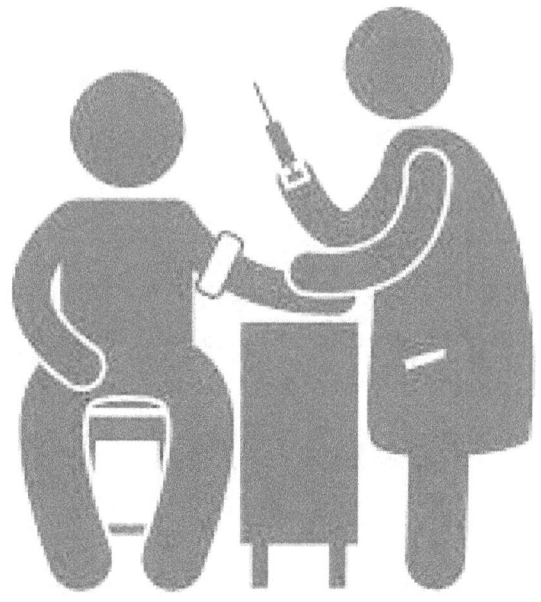

# TRATAMIENTO.

El herpes no tiene cura pero hay muchas formas de tratar los síntomas y controlar la infección. Los medicamentos para tratar herpes sirven para acortar los brotes y para prevenir que vuelvan tan a menudo.

Los medicamentos más utilizados son aciclovir, valaciclovir y famciclovir pero si la cepa es resistente a los nombrados anteriormente se utilizan foscarnet o cidofovir. En la actualidad no existe vacuna.

| | | | |
|---|---|---|---|
| Aciclovir oral | 800 mg | 5 veces/día | 7 días |
| Aciclovir intravenoso | 5-7,5 mg/kg | 3 veces/día | 7 días |
| Aciclovir intravenoso* | 8-10 mg/kg | 3 veces/día | 7-10 días |
| Valaciclovir | 1.000 mg | 3 veces/día | 7 días |
| Famciclovir | 250 mg | 3 veces/día | 7 días |
| | 750 mg | 1 vez/día | 7 días |
| Brivudina | 125 mg | 1 vez/día | 7 días |
| Foscarnet | 40 mg/kg | 3 veces/día | |
| | 50 mg/kg | 2 veces/día | |
| Cidofovir | | | |

*Tabla 1: antibiótico, dosis, cantidad, y duración del tratamiento contra el herpes.*

También puedes hacer cosas para que el dolor disminuya:

- Tomar un baño caliente.
- Mantener el área genital seca (la humedad hace que las llagas estén por más tiempo).
- Usar prendas de vestir suaves y holgadas.
- Aplicar una compresa con hielo en las llagas.
- Tomar algún analgésico como aspirina, ibuprofeno o paracetamol.

## D. CHLAMYDIAS.

La clamidia es una enfermedad de transmisión sexual común, causada por la bacteria *Chlamydia trachomatis*. Puede infectar tanto a hombres como a mujeres: las mujeres pueden contraer clamidia en el cuello del útero, el recto o la garganta y los hombres pueden contraer clamidia en la uretra (el interior del pene), el recto o la garganta. Se puede contraer cuando se mantienen relaciones sexuales sin preservativo con una persona que tiene dicha enfermedad atraves del sexo oral, vaginal o anal. Una mujer también puede transmitir clamidia a su bebé durante el parto, lo que le puede provocar infecciones oculares graves o infección pulmonar al recién nacido.

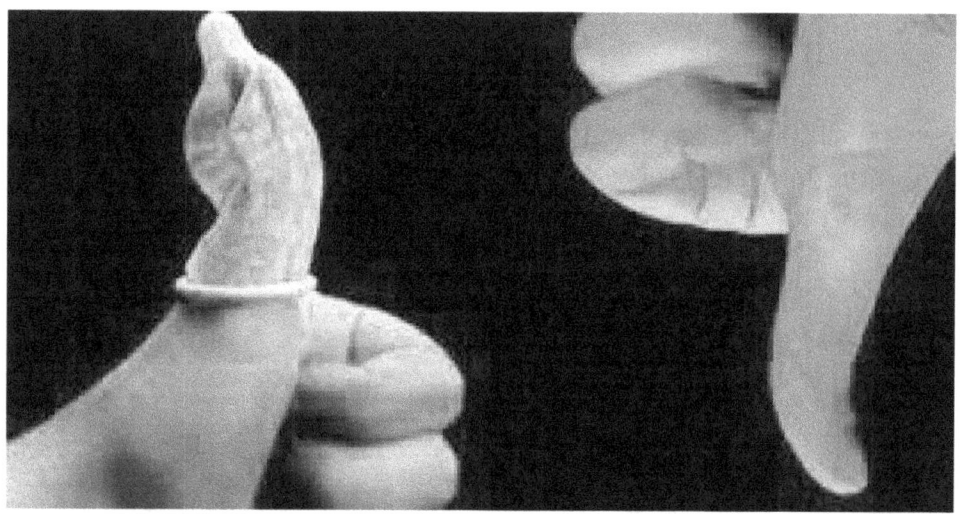

*La C. trachomatis* se trata de una bacteria que causa la infección bacteriana más frecuente transmitida por vía sexual productora de uretritis en el varón y de cervicitis, uretritis y enfermedad pélvica inflamatoria en la mujer.

### SÍNTOMAS

La chlamydia no presenta síntomas. Más del 70% de las mujeres y el 50% de los hombres con infección de clamidia presentan síntomas sin saberlo.

Los <u>síntomas</u> en las <u>mujeres</u> incluyen:

- Flujo vaginal anormal, que puede tener un fuerte olor.
- Sensación de ardor al orinar.
- Dolor o sangrado durante o después de las relaciones sexuales.
- Reglas más abundantes o sangrados entre periodo.

Los <u>síntomas</u> en los <u>hombres</u> incluyen:

- Secreción en el extremo del pene o ardor o picazón alrededor de la abertura del pene.
- Sensación de ardor al orinar.
- Dolor e inflamación en uno o ambos testículos, aunque esto es menos común.
- Si la clamidia afecta el recto puede causar dolor rectal, secreción y/o sangrado tanto en hombres como en mujeres.

Tanto en hombres como en mujeres, cuando la infección se localiza en el recto, a menudo no produce síntomas; pero si existen, pueden causar dolor, secreción o sangrado rectal.

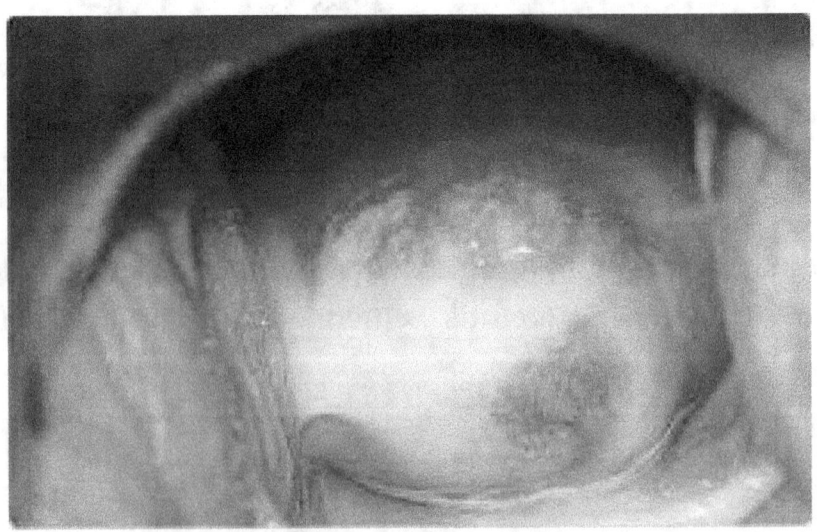

## <u>POSIBLES COMPLICACIONES Y FACTORES DE RIESGO DE LA INFECCIÓN POR CLAMIDIA</u>

Si se trata adecuadamente es poco probable que la infección por clamidia cause complicaciones a largo plazo.

Sin tratamiento las mujeres pueden desarrollar enfermedad inflamatoria pélvica. Esta enfermedad puede producir dolor abdominal y pélvico. Además puede producir infertilidad y embarazos ectópicos (embarazo que se produce fuera del útero).

Los hombres pueden desarrollar una infección muy dolorosa en los testículos. Menos frecuentemente, puede causar otros síntomas como artritis (Síndrome de Reiter) e inflamación ocular.

Los Factores de Riesgo de Infección por Clamidias incluyen:

- Edad menor a los 25 años: la menor edad puede estar relacionada con el desarrollo de la inmunidad parcial a través de exposiciones periódicas repetidas.
- Una nueva pareja sexual o más de una pareja sexual en los últimos tres meses: es un factor de riesgo de infecciones de transmisión sexual en general.
- La existencia de infección previa por clamidias y uso infrecuente de preservativo.
- Antecedentes de una enfermedad de transmisión sexual diferente.
- Las disparidades socioeconómicas y raciales: ciertas minorías étnicas y jóvenes en desventaja socioeconómica.

## DIAGNÓSTICO

La clamidia se diagnostica con pruebas de laboratorio. El médico nos pide una muestra de orina. En mujeres, a veces se utiliza un hisopo de algodón para obtener una muestra de la vagina para detectar clamidia. Las personas en mayor riesgo que deben ser evaluadas para detectar clamidia cada año son:

- Mujeres sexualmente activas de 25 años o menos.
- Mujeres mayores que tienen nuevas o múltiples parejas sexuales, o una pareja con una enfermedad de transmisión sexual.
- Hombres que tienen sexo con hombres (HSH).

# TRATAMIENTO.

La clamidia se trata con antibióticos. El tratamiento antibiótico recomendado es la doxiciclina, dos dosis diarias durante siete días o la azitromicina en una única dosis. Se pueden utilizar otros medicamentos alternativos, pero no son tan eficaces como la azitromicina y la doxiciclina.

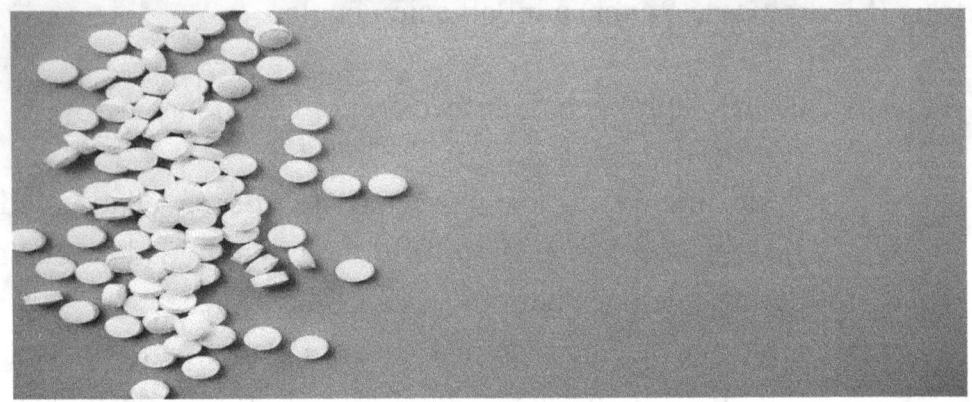

## E. **GONORREA.**

La gonorrea es una de las infecciones de transmisión sexual (ITS) más frecuentes. La causante es la bacteria *Neisseria gonorrhoeae*, que puede crecer y multiplicarse fácilmente en áreas húmedas y tibias del aparato reproductivo, incluidos el cuello uterino (la abertura de la matriz), el útero (matriz) y las trompas de Falopio (también llamadas *oviductos*) en la mujer, y en la uretra (conducto urinario) en la mujer y en el hombre. Esta bacteria también puede crecer en la boca, en la garganta, en los ojos y en el ano.

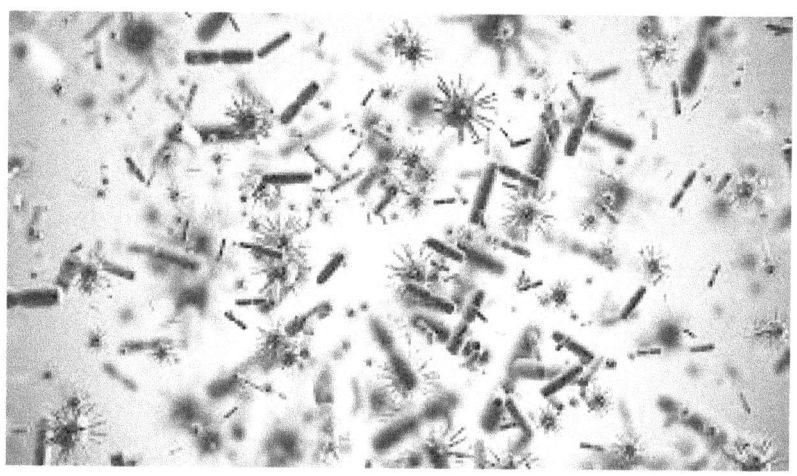

## SÍNTOMAS

Es una enfermedad silenciosa, ya que se puede no tener síntomas. A veces, los síntomas de la gonorrea se confunden con los de otras infecciones.

La gonorrea puede ocasionar problemas más graves de salud e incluso causar infertilidad si no se trata bien. Es fácil de curar con medicamentos.

Síntomas de las mujeres:

- Dolor o ardor al orinar
- Flujo vaginal anormal que puede ser amarillento o con sangre
- Sangrado entre periodos menstruales

Síntomas de los hombres:

- Secreción amarilla, blanca o verde del pene
- Dolor o ardor al orinar
- Dolor o hinchazón en los testículos

Las infecciones en la garganta causadas por gonorrea tampoco suelen provocar que la zona más afectada sea la faringe y aparece en personas con con prácticas sexuales orogenitales, normalmente asintomática o con leve dolor de garganta, aunque en excepciones se puede manifestar con ulceración aguda, edema en lengua o lesiones vesiculares que dan lugar a un color amarillento en encía, garganta o lengua.

## DIAGNÓSTICO

Para diagnosticar la gonorrea se realiza examen de laboratorio donde se identificar microorganismos en la uretra que puedan estar causando uretritis.

El examen se lleva a cabo de la siguiente forma:

- Se toma muestra del exudado uretral en varones o exudado cervical en mujeres.
- La muestra se tiñe mediante una técnica de tinción llamada de Gram, que permite visualizar las bacterias del exudado
- Tanto en hombres como en mujeres en los que la técnica de la tinción de Gram sea negativa o dudosa, debería cultivarse dicha muestra en medios de cultivo específicos para *Neisseria gonorrhoeae*.

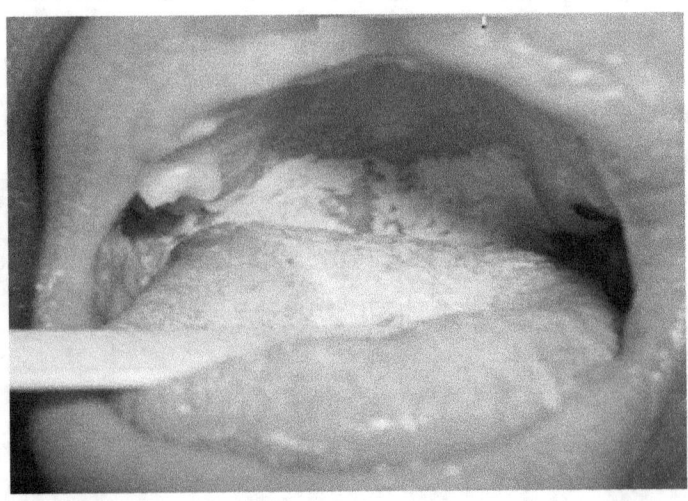

# TRATAMIENTO.

El tratamiento de la gonorrea es simple, se realiza de la misma manera en hombres y en mujeres. Los antibióticos más comunes son con Ceftriaxona intramuscular o Ciprofloxacino por vía oral.

La Azitromicina puede ser una opción, pero los efectos colaterales son comunes en las dosis elevadas necesarias para tratar la gonorrea. La Azitromicina en dosis única es el antibiótico más prescrito. La dosis de la Azitromicina necesaria para tratar la clamidia es más baja que la de la gonorrea. Una alternativa es usar Doxiciclina por 7 días.

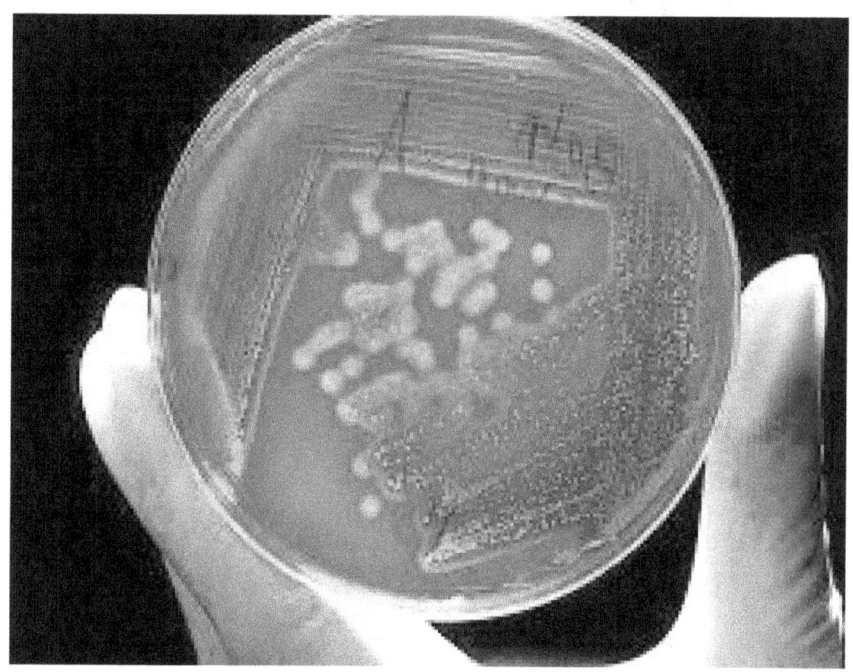

## F. SÍFILIS.

La sífilis es una enfermedad de transmisión sexual causada por una bacteria (*Treponema pallidum*). Infecta el área genital, los labios, la boca o el ano y afecta tanto a los hombres como a las mujeres. Por lo general se adquiere por contacto sexual con una persona que tienen úlceras infecciosas presentes en las zonas nombradas anteriormente

Las llagas causadas por la sífilis facilitan adquirir o contagiar el VIH durante las relaciones sexuales.

Estudios recientes afirman que la sífilis es mayor en hombres que en mujeres.

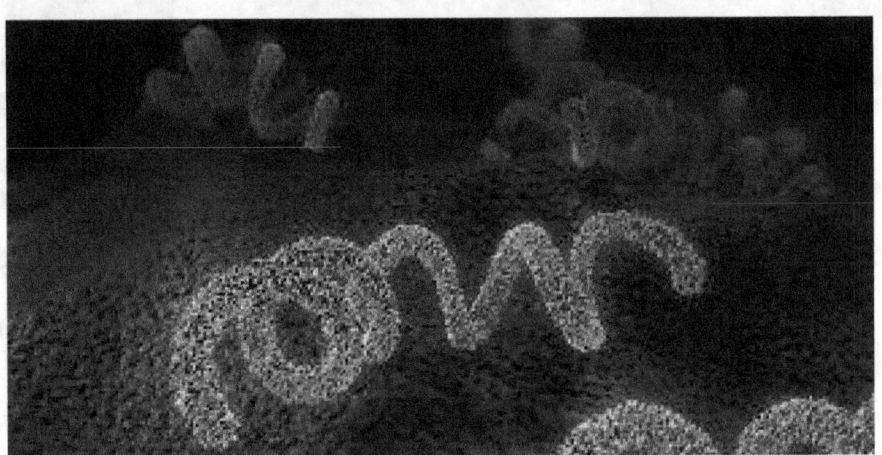

## SÍNTOMAS

El período de incubación de la sífilis primaria es de 14 a 21 días, pero el periodo de incubación puede oscilar entre 9 o 90 días.

Los <u>síntomas</u> de la <u>sífilis primaria</u> son:

- Aparición de una úlcera (denominada chancro) no dolorosa en aquella parte del cuerpo que ha estado en contacto con la bacteria, unas 2 ó 3 semanas después de tener relaciones sexuales con una persona infectada. Dicha úlcera se suele localizar en el pene, vulva, vagina o ano. Ocasionalmente pueden aparecer úlceras en la boca o labios que pueden ser dolorosas. Es posible que la úlcera pase desapercibida dependiendo de su localización y puede tardar en curarse hasta 6 semanas y ser una importante vía de contagio para las parejas sexuales.

- Inflamación de los ganglios linfáticos en la zona de la llaga.

Los <u>síntomas</u> de la <u>sífilis secundaria</u> empiezan de 4 a 8 semanas después de la sífilis primaria. Si no se realiza tratamiento la enfermedad progresa a esta fase debido a la proliferación de bacterias en la sangre. Suele producirse de 3-6 semanas después de la aparición de la úlcera de la sífilis primaria. La sífilis secundaria es altamente transmisible para las parejas sexuales durante las relaciones sexuales no protegidas. Sin tratamiento, la erupción y otros síntomas de la sífilis secundaria suelen desaparecer después de varias semanas, aunque la enfermedad no se ha curado y progresa a la fase siguiente.

- Erupción cutánea que afecta a manos y las plantas de los pies aunque puede pasar desapercibida.
- Úlceras alrededor de la boca, la vagina o el pene, en estas dos últimas suelen aparecer lesiones blancas o grises.
- Fiebre.
- Indisposición general.
- Falta de apetito.
- Dolores musculares y articulares.
- Inflamación de los ganglios linfáticos.
- Cambios en la visión.
- Pérdida del cabello.

La <u>sífilis latente</u> se manifiesta cuando los síntomas de la sífilis secundaria han desaparecido, es posible que no se produzcan síntomas durante varios años, pero la infección está presente y puede detectarse a través de una analítica de sangre.

La <u>sífilis terciaria</u> se desarrolla en personas que no han recibido tratamiento, este tipo de sífilis puede durar años ya que las bacterias continúan presentes en el organismo. Aproximadamente 1 de cada 10 personas con sífilis no tratada desarrollará graves problemas neurológicos, osteoarticulares o cardíacos, muchos años después de la infección.

Los síntomas incluyen:
- Daño al corazón que causa aneurismas o valvulopatía.
- Trastornos del sistema nervioso central (neurosífilis).
- Tumores de la piel, los huesos o el hígado.

## DIAGNÓSTICO

El diagnóstico de sífilis se realiza con pruebas serológicas en un análisis de sangre donde se mide la reagina plasmática rápida, comúnmente conocida como RPR o VDRL en inglés.

Hay dos tipos de pruebas:

- Pruebas en líquido cefalorraquídeo: este tipo de pruebas se realiza si se sospecha que puede existir complicaciones de la sífilis y está afectando al sistema nervioso, este tipo de prueba se realiza mediante una punción lumbar.

- Pruebas en sangre: existen dos tipos de pruebas en sangre, pruebas que detectan anticuerpos no específicos y anticuerpos específicos:

  - Pruebas no treponémicas: detectan anticuerpos no específicos. Un resultado positivo siempre requiere ser confirmado por una segunda prueba específica.

  - Pruebas treponémicas: detectan anticuerpos específicos contra la bacteria que produce la sífilis. La principal prueba de este tipo aparece en los informes de laboratorio como TPHA.

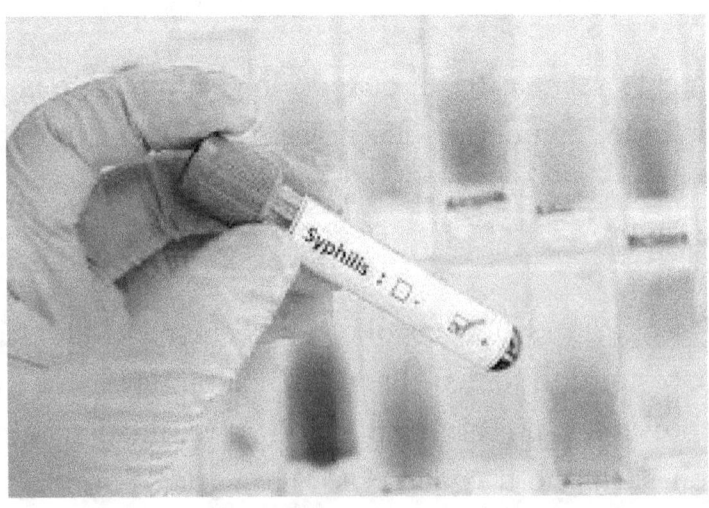

Otras formas de realizar el diagnóstico de la sífilis son la visualización por microscopía de las bacterias en una muestra obtenida de una placa sifilítica o por biopsia de una lesión.

Cuando se diagnostica sífilis a una persona, se realizarán además pruebas adicionales para el estudio de otras enfermedades que se pueden transmitir por vía sexual como el VIH o las hepatitis B o C, el herpes simple o la gonorrea.

## TRATAMIENTO.

El tratamiento de elección de la sífilis en todas sus fases es la penicilina G. La penicilina es un antibiótico que ataca a la bacteria causante de la sífilis.

En las fases primaria, secundaria y latente precoz, se administra una dosis única intramuscular de penicilina G

En la sífilis latente tardía, o cuando no se sabe el tiempo de evolución de una sífilis latente, se administran tres dosis intramusculares de penicilina G, separadas por una semana.

La neurosífilis se debe tratar con penicilina G intravenosa, con una dosis cada cuatro horas, durante dos semanas.

TABLA I

RECOMENDACIONES PROPUESTAS PARA EL TRATAMIENTO DE LA SÍFILIS EN SUS DIFERENTES ESTADIOS: CENTERS FOR DISEASE CONTROL AND PREVENTION (1)

| Fases de la sífilis | Pacientes no alérgicos a la penicilina | Pacientes alérgicos a la penicilina |
|---|---|---|
| Profilaxis, periodo de incubación, Sífilis primaria, secundaria o latente precoz (<1 año) | Penicilina G benzatina (2.4 millones de unidades im en dosis única, la mitad en cada nalga) | Tetraciclina (500 mg vo, 4 veces al día, 2 semanas) o doxiciclina (100 mg vo, 2 veces al día, 2 semanas) |
| Sífilis latente tardía, cardiovascular o gomas | -Si LCR normal: penicilina G benzatina (2.4 millones de unidades im a la semana, 3 dosis: 7.2 MU en total) -Si LCR patológico: tratamiento de neurosífilis | -LCR normal: tetraciclina (500 mg vo, 4 al día) o doxiciclina (100 mg vo, 2 al día) 4 semanas -LCR patológico: tratamiento de neurosífilis |
| Neurosífilis | -Penicilina G acuosa (18-24 millones de unidades al día iv: 3-4 MU iv cada 4 horas) durante 10-14 días o -Penicilina G procaína (2.4 MU al día im) combinado con probenecid oral (500 mg, 4 al día) durante 10-14 días | Si alergia confirmada mediante prueba cutánea, desensibilización y tratamiento con penicilina |
| Sífilis en el embarazo | Dependiendo de la fase | Si alergia confirmada mediante prueba cutánea, desensibilización y tratamiento con penicilina |
| Sífilis congénita | -Penicilina G acuosa 100.000-150.000 U/Kg/día: dosis de 50.000 U/kg iv dada 12 horas los primeros 7 días de vida, y después cada 8 horas un total de 10 días. o -Penicilina G procaína 50.000 U/Kg im al día en 1 sola dosis durante 10 días | Si alergia confirmada mediante prueba cutánea, desensibilización y tratamiento con penicilina |

im: intramuscular; iv: intravenoso; vo: vía oral; MU: millones de unidades.

# 3. BIBLIOGRAFÍA.

1. Biblioteca nacional de salud (Medline)
   https://medlineplus.gov/spanish/sexuallytransmitteddiseases.html
2. VIHinfo. NIHinfo, articulo escrito y publicado el 26 de agosto de 2021
   https://hivinfo.nih.gov/es/understanding-hiv/fact-sheets/el-vih-y-las-enfermedades-de-transmision-sexual-ets
3. Articulo publicado en la pagina del ayuntamiento de madrid en el año 2023 en el apartado de salud
   https://www.comunidad.madrid/servicios/salud/vih-virus-inmunodeficiencia
4. Manual MSD versión para el público general. Gonorrea. Artículo escrito por Sheldon R. Morris es profesor en la universidad de california en San Diego.
   https://www.msdmanuals.com/es/hogar/infecciones/enfermedades-de-transmisi%C3%B3n-sexual-ets/gonorrea
5. Ministerio de sanidad español. Prevención del VIH/SIDA y otras infecciones de transmisión sexual

   https://www.sanidad.gob.es/ciudadanos/enfLesiones/enfTransmisibles/sida/prevencion/prostitucion/docs/infecTransmSexual.pdf

6. National Geographic. El sida: origen, transmisión y evolución de la enfermedad. Artículo publicado en el apartado de ciencia y redactado por el equipo directivo de National Geographic.

   https://www.nationalgeographic.es/ciencia/sida

7. Virus del papiloma humano. Desde su descubrimiento hasta el desarrollo de una vacuna. Autor  Francisco Javier Ochoa-Carrilloa Especialidad en Cirugía Oncológica, Instituto Nacional de Cancerología, México D.

   https://www.elsevier.es/es-revista-gaceta-mexicana-oncologia-305-articulo-virus-del-papiloma-humano-desde-X1665920114805966

8. Medline Plus: virus del papiloma humano. Publicado en el apartado de temas de salud.

   https://medlineplus.gov/spanish/hpv.html

9. Periodico ABC sección de ciencia. Artículo publicado el 27 de julio de 2022 por el autor Jose Manuel Nieves.

    https://www.abc.es/ciencia/herpes-simple-surgio-5000-anos-primeros-besos-20220727145857-nt.html#vtm_funnel=exito-registro-gis&vtm_tipoProceso=gis&vtm_procesoFinalizado=si&vtm_proceso=registro-gis&vtm_tipoRegistroLogin=registro-gis&ref=https://www.abc.es/ciencia/herpes-simple-surgio-5000-anos-primeros-besos-20220727145857-nt.html

10. Hoja informativa del gobierno español en la campaña del plan nacional sobre el SIDA y el VIH. año de publicación 2017. https://www.sanidad.gob.es/ciudadanos/enfLesiones/enfTransmisibles/sida/docs/hojaInformativaCLAMIDIA.pdf

11. Medicina en familia. Chlamydia trachomatis. Elsevier. Autora M. Seguí Díaz

    https://www.elsevier.es/es-revista-medicina-familia-semergen-40-articulo-cual-es-el-mejor-tratamiento-S1138359316000897

12. Organización mundial de la salud (OMS). Artículo sobre la sífilis

    https://www.paho.org/es/temas/sifilis#:~:text=Se%20trata%20de%20una%20infecci%C3%B3n,transmisi%C3%B3n%20maternoinfantil%20durante%20el%20embarazo.

13. Revista Mayo Clinic. Atención médica, enfermedades infecciosas. Sífilis.

    https://www.mayoclinic.org/es/diseases-conditions/syphilis/diagnosis-treatment/drc-20351762#:~:text=El%20tratamiento%20preferido%20en%20todas,recomendarte%20la%20insensibilizaci%C3%B3n%20con%20penicilina.

14. Artículo publicado por los laboratorio vivo. Redactado por Samuel, redactor y divulgador científico en el grupo Vivo https://vivolabs.es/gonorrea-sintomas-causas-y-tratamiento/

15. Artículo publicado en la página del gobierno de españa, por el departamento de salud pública de madrid. Publicado en el año 2017 en la campaña del plan nacional sobre el sida y el VIH. https://www.sanidad.gob.es/ciudadanos/enfLesiones/enfTransmisibles/sida/docs/hojaInformativaSIFILIS.pdf

16. Artículo publicado en la página del gobierno de españa, por el departamento de salud pública de madrid. Publicado en el año 2017 en la campaña del plan nacional sobre el sida y el VIH. Infección por gonorrea. https://www.sanidad.gob.es/ciudadanos/enfLesiones/enfTransmisibles/sida/docs/hojaInformativaInfeccionGONOCOCICA.pdf

17. Revista médica sinergia publicada el 1 de julio de 2023. Actualización de la evolución de los herpes. https://revistamedicasinergia.com/index.php/rms/article/view/566

18. Revista National Geographic. Artículo las ITS han alcanzado un nivel alarmante ¿ que podemos hacer? Artículo publicado el 24 de abril de 2023 por Allie Yang https://www.nationalgeographic.es/ciencia/2023/04/aumento-infecciones-transmision-sexual-solucion-hacer

19. Centros para el control y la prevención de enfermedades. Información para adolescentes y adultos. Publicado el 15 de octubre de 2018.

https://www.cdc.gov/std/spanish/stdfact-teens-spa.htm#:~:text=Estas%20incluyen%20la%20clamidia%2C%20la,la%20s%C3%ADfilis%20y%20el%20VIH.

www.ingramcontent.com/pod-product-compliance
Lightning Source LLC
Chambersburg PA
CBHW082350190526

45165CB00022B/2275